· 美 国 家 庭 亲 子 理 财 启 蒙 书 ·

Money For Clothes

我会用零花钱

买衣服

（美）玛丽·伊丽莎白·萨尔兹曼

郑蓉 译

海天出版社
·深圳·

图书在版编目（CIP）数据

我会用零花钱买衣服 ／（美）玛丽·伊丽莎白·萨尔
兹曼著；郑蓉译. — 深圳：海天出版社，2019.4
（美国家庭亲子理财启蒙书）
ISBN 978-7-5507-2553-9

Ⅰ. ①我… Ⅱ. ①玛… ②郑… Ⅲ. ①财务管理—少
儿读物 Ⅳ. ① TS976.15-49

中国版本图书馆 CIP 数据核字（2018）第 283739 号

著作权合同登记号：图字 19-2018-020

Original title: Money for Clothes
Written by Mary Elizabeth Salzmann and illustrated by Diane Craig
Copyright © 2011 by Abdo Consulting Group, Inc.
Published by Magic Wagon, a division of the ABDO Group
All rights reserved.
The simplified Chinese translation rights arranged through Rightol Media （本书中
文简体版权经由锐拓传媒取得 Email:copyright@rightol.com）

我会用零花钱买衣服
WO HUIYONG LINGHUAQIAN MAI YIFU

出 品 人　聂雄前
责任编辑　涂玉香　张绪华
责任技编　陈洁霞
封面设计　王　佳

出版发行　海天出版社
地　　址　深圳市彩田南路海天大厦（518033）
网　　址　www.htph.com.cn
订购电话　0755-83460239（邮购）0755-83460397（批发）
设计制作　深圳市童研社文化科技有限公司
印　　刷　深圳市华信图文印务有限公司
开　　本　889mm×1194mm　1/24
印　　张　1
字　　数　20 千字
版　　次　2019 年 4 月第 1 版
印　　次　2019 年 4 月第 1 次印刷
定　　价　14.80 元

目录

硬币和纸币

1 分硬币	1 美分	1 美分 或 0.01 美元
5 分硬币	5 美分	5 美分 或 0.05 美元
1 角硬币	10 美分	10 美分 或 0.10 美元
2 角 5 分硬币	25 美分	25 美分 或 0.25 美元
1 元纸币	1 美元	1 美元 或 100 美分

其他硬币

这两种硬币的币值分别为 50 美分和 1 美元。

其他纸币

还有一些币值超过 1 美元的纸币。每张纸币的四个角上都印有数字，这些数字就表示这张纸币的币值。

花钱消费

花钱消费的时候，你需要考虑以下几个重要因素。

价格 价格，是指当你购买一件商品时所需要付出的钱。

数量，是指你要购买的商品的数目。 **数量**

质量 质量，是指一件商品是否制作精良，或是否具有良好的性能。

价值

价值，反映在一件商品的价格、数量和质量上。在决定购买一件商品前应该充分考虑它所具有的价值。

认识一下 萝伦小朋友

萝伦的爸爸妈妈平时会给她一些零用钱，她可以自己决定用这些钱买些什么。我们来看看萝伦在购物的时候是如何做出精明的决定的。

萝伦的目标

萝伦想买一条新连衣裙，这条连衣裙要 12.00 美元。她决定平时节省一点，存下足够的钱去买新连衣裙。

萝伦的存款

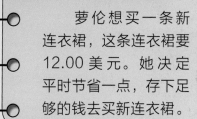

萝伦把平时省下来的零钱都放进她的"猪猪"存钱罐里存起来。她每次只能存一点点零钱，不过，钱是会积少成多的。

数一数，
钱够不够买饰品

萝伦很喜欢用头绳在头发上扎蝴蝶结。爸爸妈妈给了萝伦一些纸币和硬币让她买蝴蝶结头绳，他们一共给了萝伦多少钱呢？我们来计算一下。

★ 先把所有的钱币按照币值分类，然后分别算出每一类钱币的币值总和。

★ 分别算出每一类钱币的币值总和后，再把所有的币值总和加起来。

1美元

计算一下纸币的币值：

有3张1美元的纸币，加起来一共是3美元

写出全部纸币的币值：3美元

写成：$3.00

将第一组和第二组的币值加起来

$3.00
+ $1.00
$4.00

得出前两组的币值总和是4美元

10美分

将硬币分组，以美元为单位计算

有10个10美分的硬币，加起来一共是1美元

以美元为单位，写出这组硬币的全部币值：1美元

写成：$1.00

25美分

5美分

1美分

计算一下余下的硬币的币值

有2个25美分的硬币，加起来一共是50美分
有1个5美分的硬币
有4个1美分的硬币，加起来一共是4美分
算出这些硬币的币值：
50美分+5美分+4美分=59美分

写出余下的硬币的全部币值
要以美元为单位，而不是以美分为单位
59美分就是0.59美元

写成：$0.59

将余下的硬币的币值总和与前两组的币值总和加起来

$4.00
+ $0.59
$4.59

★ 萝伦的所有纸币和硬币的币值加起来一共是4.59美元。

萝伦的父母给了她 4.59 美元让她购买蝴蝶结头绳，她的奶奶另外又给了她 2.00 美元。现在萝伦手上一共有多少钱呢？

我在纸上计算了一下，现在我一共有 6.59 美元。在本页的下方你可以看到我的计算过程。

⭐ 做一道加法题

小数加法与整数加法的计算方法很类似

	先将小数点对齐	从算式的最右边开始计算，将同一个数位上的数字相加	在得数里加上小数点。这个小数点要与算式里其他小数点的位置对齐 在答案的前面加上表示美元的符号 $
	$4.59 + $2.00	$4.59 + $2.00 ——— 9	$4.59 + $2.00 ——— $6.59

小数减法与整数减法的计算方法很类似

先将小数点对齐	从算式的最右边开始计算，将同一个数位上的数字相减	在得数里加上小数点。这个小数点要与算式里其他小数点的位置对齐
		在答案的前面加上表示美元的符号 $
$6.59 − $5.09	$6.59 − $5.09 0	$6.59 − $5.09 $1.50

算一算 还剩下多少钱？

萝伦一共有 6.59 美元，她买了一条蝴蝶结头绳，用了 5.09 美元。萝伦现在还剩下多少钱？

太好了，这样我还剩下 1.50 美元，可以放进"猪猪"存钱罐里存起来！在本页的上方你可以看到我的计算过程。

萝伦本来有 6.59 美元，花掉了 5.09 美元，现在她还有 1.50 美元。萝伦将剩余的钱全都放进了她的"猪猪"存钱罐里。

萝伦的"猪猪"存钱罐：

$0.00
+ $1.50
$1.50

购买漂亮的聚会服装

萝伦要参加一个朋友的生日聚会，她需要购买一套漂亮的聚会服装。买这些服装的花费不能超过 15.00 美元。

萝伦需要买一件上衣，再搭配一条裙子或一条裤子去参加生日聚会。她应该怎样选择呢?

8.00 美元

7.50 美元

4.00 美元

9.00 美元

8.00 美元

12.00 美元

算一算

有些聚会服装的组合价格超过了 15.00 美元。例如右图中的例子

4.00美元+12.00美元=16.00美元

7.50美元+8.00美元=15.50美元

做决定

萝伦可以做出两种选择：购买紫色上衣搭配牛仔裤，或者购买紫色上衣搭配短裤。因为其他上衣与裙子或裤子的搭配组合都太贵了

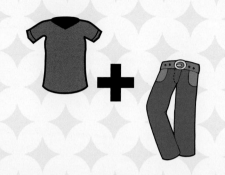

4.00美元+9.00美元=13.00美元

4.00美元+8.00美元=12.00美元

萝伦觉得牛仔裤很漂亮，不过她想尽量多节省一点，她也喜欢那条短裤，而且短裤比牛仔裤便宜。

我打算买紫色的上衣搭配短裤，这样我就可以省下 3.00 美元，放进我的"猪猪"存钱罐里存起来。

萝伦一共有 15.00 美元，花了 12.00 美元，现在她还剩下 3.00 美元。萝伦把剩下来的钱全部放进了她的"猪猪"存钱罐。

萝伦的"猪猪"存钱罐：

$$\begin{array}{r} \$1.50 \\ +\ \$3.00 \\ \hline \$4.50 \end{array}$$

算一算要花多少钱？

萝伦要买一条项链和一副手镯来搭配她的聚会服装。买项链要花 2.23 美元，手镯需要 1.95 美元，萝伦买这些首饰一共要花多少钱？

2.23 美元

1.95 美元

我算出来了！在纸上写出算式会比较容易计算，买项链和手镯一共需要花费 4.18 美元。

★ 做一道加法题

小数加法与整数加法的计算方法很类似

先将小数点对齐	从算式的最右边开始计算，将同一个数位上的数字相加	当某一数位上的数字之和大于或等于 10 的时候要向前一个数位进 1	在得数里加上小数点，这个小数点要与算式里其他小数点的位置对齐
$2.23	$2.23	1	$2.23
+ $1.95	+ $1.95	$2.23	+ $1.95
	8	+ $1.95	$4.18
		18	

★ 做一道减法题

小数减法与整数减法的计算方法很类似

先将小数点对齐	从算式的最右边开始计算，将同一个数位上的数字相减	当前数位的数字不够减时，要向前一个数位借1，借1当10，再做减法	在得数里加上小数点，这个小数点要与算式里其他小数点的位置对齐
$6.09 — $4.18	$6.09 — $4.18 —— 1	5 10 $6.09 — $4.18 —— 91	$6.09 — $4.18 —— $1.91

萝伦的父母给了她 6.09 美元买参加聚会所要戴的饰品，萝伦了解到买这些饰品一共要花 4.18 美元。她还剩下多少钱？

我可以省下 1.91 美元存进我的"猪猪"存钱罐！在本页的上方你可以看到我的计算过程。

萝伦有 6.09 美元，花了 4.18 美元，现在她还有 1.91 美元。萝伦把剩下的钱放进她的"猪猪"存钱罐里存了起来。

萝伦的"猪猪"存钱罐：

$4.50
+ $1.91
——
$6.41

萝伦要买一些新袜子，她希望多买几双，这样她一个星期都有干净袜子穿。买袜子的钱不能超过 8.00 美元。

萝伦应该选择哪些袜子呢?

6.25 美元

6.25 美元

6.25 美元

⭐ **想一想** ⭐

要买到物有所值的东西，她需要考虑价格和数量这两个因素

⭐ **价格** ⭐

这三袋袜子的价格全都一样

⭐ **数量** ⭐

第一袋粉红色的袜子有 12 双
第二袋条纹图案的袜子有 6 双
第三袋有蕾丝花边的袜子只有 1 双

做决定

萝伦有足够的钱，这三种袜子她都能买得起，但是她希望多买几双，足够穿一个星期

粉红色的袜子

粉红色的袜子一袋有 12 双，萝伦觉得这种袜子没有图案，有点单调，不过如果买这袋袜子，她一个星期都会有干净袜子穿

条纹图案的袜子

萝伦喜欢有条纹图案的袜子，但是这袋袜子只有 6 双，如果买这袋袜子，就不能保证一个星期里每天都有干净袜子穿了

蕾丝花边的袜子

有蕾丝花边的袜子很漂亮，可是只能买到 1 双。这么漂亮的袜子萝伦很想穿，但是她知道 1 双袜子是远远不够一个星期换洗

粉红色的袜子是最物有所值的，其他两种袜子可能更漂亮别致，但是数量太少，都无法满足萝伦想一个星期都穿干净袜子的想法。

我打算购买这袋粉红色的袜子，这样我就可以花同样的钱，买到更多的袜子。

萝伦一共有 8.00 美元，花掉了 6.25 美元，现在她还剩下 1.75 美元。萝伦把用剩的钱全都放进了她的"猪猪"存钱罐里。

萝伦的
"猪猪"存钱罐：

$$\begin{array}{r} \$6.41 \\ + \ \$1.75 \\ \hline \$8.16 \end{array}$$

谁需要干净的袜子？

萝伦和丽莎是两姐妹，她们俩的袜子都不能穿了，于是两人一起去买新袜子。萝伦挑选了那袋粉红色的袜子，里面有 12 双。丽莎选择了有蕾丝花边的袜子，只有一双。谁的选择更合理呢？让我们看看吧！

丽莎，你这双蕾丝花边的袜子已经穿了一个星期了！如果你不马上把袜子洗掉，你的脚就会像黄鼠狼一样难闻了！

脚臭不臭我不介意，反正我这双袜子是所有袜子中最漂亮的一双！

我和梅森现在要去池塘那边扔石子玩，你想不想一起去？

我不去，谢谢了。池塘那边的味道已经够难闻的了，再加上你这双臭烘烘的袜子，谁受得了啊？

看来丽莎没有买到足够换洗的袜子，她双脚的臭味差点把梅森熏得晕倒。

购买冬装外套

冬天来了，萝伦需要一件冬装外套，她希望买到一件暖和的厚外套，能够在最冷的天气为她抵御寒冷。买外套的钱不能超过 30.00 美元。

萝伦应该选择哪一件呢?

15.00 美元

30.00 美元

25.00 美元

想一想

要买到物超所值的冬装外套，萝伦需要考虑以下两个因素：价格和质量

价格

绿色的外套最便宜，橙色的外套价格最高

质量

萝伦觉得橙色的外套看起来非常保暖，质量最好。绿色的外套虽然价格便宜，但是看上去很薄，不能保暖，质量最差

18

做决定

萝伦有足够的钱，三种外套她都可以买。她仔细考虑了一下每件外套的价格和质量

绿色外套

绿色的外套价格最便宜，但是质量也最差。如果买这件外套，萝伦可以省下最多的钱，但是穿着它一点也不保暖

橙色外套

橙色的外套质量最好，但是价格也最高。如果买这件外套来穿，萝伦这个冬天肯定会很暖和，不过她手上的钱就全部花光了

棕色外套

棕色的外套价格不高，质量很好。如果买这件外套来穿，萝伦整个冬天都会很暖和，而且还不用花光她所有的钱

绿色的外套一点也不暖和，萝伦对它的质量不满意。
橙色的外套价格太高，萝伦不想花费那么多钱去买外套。
萝伦觉得棕色的外套非常暖和，而且还不用花太多的钱。

我打算买那件棕色的外套，这样我就可以省下 5.00 美元，放进我的"猪猪"存钱罐里存起来。

萝伦有 30.00 美元，花掉了 25.00 美元，现在她还有 5.00 美元。萝伦把用剩的钱都放进了她的"猪猪"存钱罐里。

萝伦的"猪猪"存钱罐：

$$\begin{array}{r} \$8.16 \\ + \ \$5.00 \\ \hline \$13.16 \end{array}$$

小伙伴，外面很冷吧！

买东西的时候选择最便宜的，并不一定正确。通常便宜的东西质量都不会太好。如果买回来的东西让你感觉不满意，那么这种省钱的方法也不见得合理。

三十分钟后

大卫，快过来看我堆的雪人！你看我的雪人多高大啊！

嘿，大卫！怎么回事？你才刚开始吗？怎么才堆了这么一小堆啊？这个是雪人的身体还是头啊？

我本来想先堆一个雪人的身……身体的，可是我实在太……太冷了，所以，这个雪球就既做身……身体，又……又做头吧。

哦，那也行。不过，我觉得我堆的雪人比你的漂亮。你看，它在打高尔夫球呢！

你说得对。堆雪人比……比赛你赢……赢了。我的这件外……外套一点都不……不保暖。我要进……进屋里去了！

好吧！我还要再装饰一下我的雪人。过一会儿我再进屋找你玩吧！

看来萝伦挑选的冬装外套比大卫的好，整个冬天她都可以放心地在户外玩耍了。

学会储蓄

萝伦一共攒下了 13.16 美元，她存的钱足够去买新裙子了。

萝伦的目标是买一条 12.00 美元的新裙子。她平时一点一点地存钱，最后，她终于能够买新裙子了！对自己平时购买东西时做出了正确的决定，萝伦感到很自豪。

13.16美元

●12.00美元

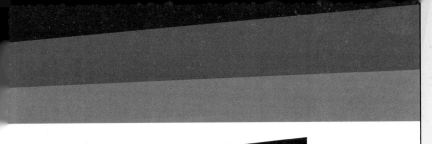

物有所值

要记住商品的价值反映在一件商品的价格、数量和质量上。通常情况下你无法三者都兼顾到，因此在做出购买决定之前，你必须对这三者进行充分的考虑，判断其中哪一个因素对你来说是最重要的。如果学会了充分考虑商品的价值，你就能做出正确的购买选择。

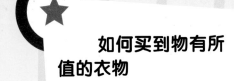

如何买到物有所值的衣物

去折扣商店购物

有时服装厂生产了太多的服装，折扣商店就会购买这些在工厂里积压的服装，然后低价出售。

等待商品打折促销

商店有时会有打折促销活动，等到这个时候去购物，你通常可以买到便宜又好看的衣物。

词汇表

★ **折扣价**：商家为了促销而设定的低于平时的商品价格。

★ **车库**：建筑物里专门用于停放车辆的库房。车库旧物出售是指将家里不用的旧物摆在自家的车库里或车库附近出售。

★ **目标**：指你努力想做到或尽力想完成的某件事。

★ **首饰**：用于佩戴打扮的装饰品，如戒指、项链、手镯等。

★ **选项**：可供选择的东西或项目。

★ **组织，安排**：指以某种方式将物品分类或安放。

★ **一套**：指搭配着一起穿戴的几件衣物。

★ **旧货商店**：专门出售二手物品或旧货的商店。

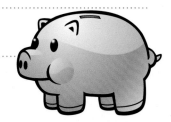